AF454027

ENCYCLOPÉDIE

portative,

OU

RÉSUMÉ UNIVERSEL

des sciences, des lettres et des arts,

EN UNE COLLECTION

DE

TRAITÉS SÉPARÉS;

PAR UNE SOCIÉTÉ DE SAVANS

ET DE GENS DE LETTRES,

Sous les auspices de MM. DE BARANTE, DE BLAINVILLE, BORY DE
SAINT-VINCENT, CHAMPOLLION, CORDIER, CUVIER, DEPPING,
DRAPIEZ, C. DUPIN, EYRIÈS, DE FÉRUSSAC, DE GÉRANDO, HA-
CHETTE, JOMARD, DE JUSSIEU, LAYA, LETRONNE, QUATREMÈRE
DE QUINCY, THÉNARD, et autres savans illustres;

ET SOUS LA DIRECTION

DE M. C. BAILLY DE MERLIEUX,

Avocat à la Cour royale de Paris, membre de plusieurs
sociétés savantes, auteur de divers ouvrages sur les
sciences, etc., etc.

IMPRIMERIE

DE

Decourchant,

RUE D'ERFURTH, N° 1, PRÈS DE L'ABBAYE.

———

LITHOGRAPHIE

DE

Engelmann et Compagnie,

FAUBOURG MONTMARTRE, CITÉ BERGÈRE.

ICONOGRAPHIE

DES

OISEAUX,

OU

COLLECTION DE FIGURES

Représentant les Oiseaux qui peuvent servir de types
pour chaque famille,

CLASSÉS SUIVANT LA MÉTHODE DE **M. CUVIER;**

DESSINÉES SUR PIERRES

PAR Mme **S. LAMOUROUX;**

ACCOMPAGNÉE D'UNE EXPLICATION DES PLANCHES,

ET FAISANT LE COMPLÉMENT

DU RÉSUMÉ D'ORNITHOLOGIE,

PAR **M. DRAPIEZ,**
Professeur d'histoire naturelle à Bruxelles, etc.

Paris,

AU BUREAU DE L'ENCYCLOPÉDIE PORTATIVE,
Rue du Jardinet-Saint-André-des-Arts, n° 8;
Et chez BACHELIER, libraire, quai des Augustins, n° 55.

1829

ICONOGRAPHIE

DES

OISEAUX,

CLASSÉS SUIVANT LA MÉTHODE DE M. CUVIER.

EXPLICATION

DES

PLANCHES.

PREMIER ORDRE.

OISEAUX DE PROIE (*Accipitres*).

1re section. — *Diurnes.*

VAUTOURS.

PLANCHE Ire.

Genre SARCORAMPHE, *Sarcoramphus* Dum.

Condor, *Sarcoramphus Condor, Vultur gryphus* L. Taille, 3 pieds à 3 pieds 1/2.

FAUCONS.

PLANCHE II.

Genre HARPIE, *Harpya* Cuv.

Harpie d'Amérique, *Falco destructor* Daudin.
Taille, 3 pieds.

2ᵉ section. — *Nocturnes.*

PLANCHE III.

Genre DUC, *Bubo* Cuv.

Grand Duc, *Strix bubo* L. Taille, 18 pouces à
2 pieds.

DEUXIÈME ORDRE.

PASSEREAUX.

PLANCHE IV.

Genre PARADISIER, *Paradisœa* L.

Fig. 1. Paradisier émeraude, *Paradisœa apoda* L. Taille, 10 pouces.
Fig. 2. Manucode, *Paradisœa regia* L. Taille,
8 pouces.

PLANCHE V.

Genre ÉPIMAQUE, *Epimachus* Cuv.

Promérops Proméfil, *Epimachus falcinellus* Vieill. Taille, 11 pouces.

PLANCHE VI.

Genre Loriot, *Oriolus* L.

Fig. 1. Loriot d'Europe, *Oriolus galbula* L. Taille, 10 pouces.

Genre MAINATE, *Mainatus* Briss.

Fig. 2. Mainate religieux, *Mainatus religiosus* Briss. Taille, 8 pouces.

PLANCHE VII.

Genre GOBE-MOUCHE, *Muscicapa* L.

Fig. 1. Gobe-Mouche, Schet-roux du Sénégal. Taille, 17 pouces du bec à l'extrémité de la queue.

Genre MÉRION, *Malurus* Vieill.

Fig. 2. Mérion natté, *Malurus textilis* Quoy et Gaim. Taille, 5 pouces.

PLANCHE VIII.

Genre Coracine, *Coracina* Temm.

Cephaloptère orné, *Cephalopterus ornatus* Geoff. S.-Hilaire. Taille, 18 pouces.

PLANCHE IX.

Genre Rupicole, *Rupicola* Briss.

Coq de roche orangé, *Rupicola aurantiaca* Less. Taille, 9 pouces.

PLANCHE X.

Genre Calyptomène, *Calyptomena* Forst.

Calyptomène vert (Coq de roche vert), *Calyptomena viridis* Raffles. Taille, 5 pouces.

PLANCHE XI.

Genre Moineau, *Loxia* L.

Fig. 1. Gros-bec commun, *Loxia coccothraustes* L. Taille, 5 pouces.

Genre SOUÏ-MANGA, *Cinnyris* Cuv.

Fig. 2. Souï-manga à poitrine rouge, *Cinny-ris discolor*. Taille, 4 pouces 1/2.

PLANCHE XII.

Genre GUIT-GUIT, *Nectarinia* Illig.

Fig. 1. Guit-Guit noir et bleu d'Amérique, *Nectarinia cyanea*. Taille, 3 pouces 1/2.

Genre GRIMPEREAU, *Certia* L.

Grimpereau d'Europe , *Certia familiaris* L. Taille, 3 pouces.

PLANCHE XIII.

Genre OPHIE ou FOURNIER, *Furnarius* Vieill.

Ophie ou Fournier Lesson , *Furnarius Lessonii* Dumont. Taille, 8 pouces.

PLANCHE XIV.

Genre COUCOU, *Cuculus* L.

Coucou éclatant, *Cuculus splendens*. Taille, 6 à 7 pouces.

PLANCHE XV.

Genre GUÊPIER, *Merops* L.

Fig. 1. Guêpier commun, *Merops apiaster* L. Taille, 8 à 9 pouces.

Genre MARTIN-PÊCHEUR, *Alcedo* L.

Fig. 2. Martin-pêcheur Wintsi, *Alcedo ispi* ou Var. *Moluccana*. Taille, 5 pouces.

PLANCHE XVI.

Genre MOMOT, *Momotus* Briss.

Momot Houtou, *Ramphastos momota* Gm. Taille, 22 pouces, du bec à la queue

PLANCHE XVII.

Genre CALAO, *Buceros* L.

Calao rhinocéros, *Buceros rhinoceros* L.

TROISIÈME ORDRE.

GRIMPEURS.

PLANCHE XVIII.

Genre SCYTHROPS, *Scythrops* Latham.

Scythrops de la Nouvelle-Hollande, *Scythrops Novæ-Hollandiæ* Lath. Taille de 14 à 15 pouces.

PLANCHE XIX.

Genre TOUCAN, *Ramphastos* L.

Toucan toco *Ramphastos toco* Gm. Taille, 16 pouces.

PLANCHE XX.

Genre ARAÇARI, *Pteroglossus* Illig.

Fig. 1. Araçari à ceinture rouge, *Ramphastos viridis*. Taille, 10 pouces.

Genre COUROUCOU , *Trogon* Mœhring, L.

Fig. 2. Couroucou à ventre jaune, *Trogon flaviventer* L. Taille, 14 pouces.

PLANCHE XXI.

Genre MICROGLOSSE, *Microglossa* Geoff. S.-Hilaire.

Microglosse noir, *Psittacus atterrimus* L.

A. Bec vu de profil avec la langue. Taille, 10 pouces.

PLANCHE XXII.

Genre CACATOÈS, *Plyctolophus* Vieill.

Cacatoès de Banks, *Calyptorhynchus Banksii* Vigors. Taille, 27 pouces.

PLANCHE XXIII.

Genre ARA, *Macrocercus* Vieill.

Ara tricolor, *Macrocercus tricolor* Vieill. Taille, 35 pouces.

PLANCHE XXIV.

Genre TOURACO, *Corythaix* Illig.

Touraco lori, *Corithaix persa* L. Taille, 12 pouces.

PLANCHE XXV.

Genre MUSOPHAGE, *Musophaga* Isert.

Musophage violet, *Musophaga violacea* Lath. Taille, 18 pouces.

QUATRIÈME ORDRE.

GALLINACÉS.

PLANCHE XXVI.

Genre COLOMBE, *Columba* L.

Pigeon sauvage de la Jamaïque. Taille, 10 pouces.

PLANCHE XXVII.

Genre GOURA, *Lophyrus* Vieill.

Goura, *Lophyrus* Vieill.; *Columba coronata* L. Taille, 2 pieds et 4 à 5 pouces.

PLANCHE XXVIII.

Genre LOPHOPHORE, *Lophophorus* Temm.

Lophophore monaul, *Lophophorus refulgens* Temm. Taille, 22 pouces.

PLANCHE XXIX.

Genre ARGUS, *Argus* Temm.

Argus ou Luen, *Argus Pavoninus* Vieill. Taille, 5 pieds, du bec à la queue.

PLANCHE XXX.

Genre ROULOUL, *Cryptonix* Temm.

Rouloul de Malacca, *Cryptonix coronatus* Temm. Taille, 9 pouces.

PLANCHE XXXI.

Genre CAILLE, *Coturnix* Cuv.

Fig. 1. Caille nattée, *Coturnix textilis* Temm. Taille, 6 pouces.

Genre GANGA (1), *Ganga* Vieill.

Ganga, *Pterocles arenarius* Temm. Taille, 15 pouces.

PLANCHE XXXII.

Genre LAGOPÈDE, *Lagopus* Vieill.

Lagopède, *Tetrao Lagopus* L. Taille, 12 pouces.

1. Dans la séance du 2, août 182, M. de Blainville a lu à l'Académie des sciences, un Mémoire, dans lequel il établit, d'après le sternum, la forme de la tête et les mœurs des Gangas, que ce genre doit appartenir à l'ordre des Pigeons, dont il ferait le passage avec les Gallinacés.

PLANCHE XXXIII.

Genre TURNIX, *Ortygis* Illig.

Fig. 1. Turnix à bandeau noir, *Hemipodius nigrifrons* Temm. Taille, 10 pouces.

Genre TINAMOU, *Tinamus* Lath.

Fig. 2. Tinamou du Brésil, *Tinamus Brasiliensis* Lath. Taille, 14 pouces.

CINQUIÈME ORDRE.

ÉCHASSIERS.

PLANCHE XXXIV.

Genre AUTRUCHE, *Struthio* L.

Autruche, *Struthio camelus* L. Taille, 7 pieds.

PLANCHE XXXV.

Genre CASOAR, *Casuarius* Briss.

Casoar de la Nouvelle-Hollande, *Casuarius Novæ-Hollandiæ* Lath. Taille, 3 pieds 1/2.

PLANCHE XXXVI.

Genre MÉGAPODE, *Megapodius* Quoy et Gaim.

Fig. 1. Mégapode Duperrey, *Megapodius Duperreyii* Less. Taille, 16 pouces.

Genre AGAMI, *Psophia* L.

Fig. 2. Agami, *Psophia crepitans* L. Taille, 23 pouces.

PLANCHE XXXVII.

Genre SAVACOU, *Cancroma* L.

Savacou, *Cancroma cochlearia* L. Taille, 22 à 26 pouces.

PLANCHE XXXVIII.

Genre TANTALE, *Tantalus* L.

Tantale d'Afrique, *Tantalus Ibis* L. Taille, 2 pieds 1/2.

PLANCHE XXXIX.

Genre HÉLIORNE, *Podoa* Illig.

Fig. 1. Héliorne grébi-foulque, *Heliornis Surinamensis* Bonnat. Taille, 18 pouces.

Genre HUITRIER, *Ostralega* Briss.

Fig. 2. Huitrier, *Hæmatopus ostralegus* L. Taille, 10 à 12 pouces.

PLANCHE XL.

Genre Court-vite, *Cursorius* Lath.

Court-vite, *Cursorius isabellinus* Meyer. Taille, 10 pouces.

PLANCHE XLI.

Genre Échasse, *Himantopus* Briss.

Fig. 1. Échasse à manteau noir, *Himantopus melanopterus* Meyer. Taille, 10 pouces.

Genre Avocette, *Recurvirostra* L.

Fig. 2. Avocette à calotte noire, *Recurvirostra Avocetta*. Taille, 18 à 22 pouces.

PLANCHE XLII.

Genre Chionis, *Chionis* Forst.

Chionis antarctique, *Chionis vaginalis* Forst. Taille, 14 à 16 pouces.

SIXIÈME ORDRE.

PALMIPÈDES.

PLANCHE XLIII.

Genre FRÉGATE, *Tachypetes* Vieill.

Frégate. *Pelecanus Aquilus* L. Taille, 18 à 24 pouces.

PLANCHE XLIV.

Genre ALBATROS, *Diomedea* L.

Albatros, ou Mouton du Cap, *Diomedea exhulans* L. Taille, 2 pieds 1/2.

PLANCHE XLV.

Genre CÉRÉOPSIS, *Cercopsis* Lath.

Céréopsis de la Nouvelle-Hollande, *Cercopsis Novæ-Hollandiæ* Lath. Taille, 2 pieds et 2 à 4 pouces.

PLANCHE XLVI.

Genre CYGNE, *Anas* L. *Cygnus* Meyer.

Cygne noir, *Cygnus ater* Shaw. Taille, 3 pieds 1/2.

PLANCHE XLVII.

Genre PINGOUIN, *Alca* L.

Pingouin du nord, *Alca torda* L. Taille, 18 pouces.

PLANCHE XLVIII.

Genre MANCHOT, *Aptenodytes* L.

Manchot de la Patagonie, *Aptenodytes patagonica* Gm. Taille, 2 pieds 1/3.

FIN DE L'ICONOGRAPHIE DES OISEAUX.

Catharte Condor

Vultur gryphus L.

Autour Harpie d'Amérique,
Astur cristatus, de Levaillant Thaumas

Hibou grand Duc.
Strix bubo. L.

1. Paradisier
émeraude.
Paradisea apoda L.

2. Paradisier
manucode
Paradisea regia L.

Promérops Promefil.

(Epimachus Paternellus Vieillot)

Loriot d'Europe ; 2 Mainate religieux.
Oriolus Galbula, L. | *Gracula religiosa.*

1 Gobe-Mouche. 2 Mérion natté
Schet roux du Sénégal. *Malurus textilis, quoy et Gaim.*

Coracine Céphaloptère orné

Céphalopterus ornatus, Geoff. S.t Hilaire

Coq de Roche orangé
Rupicola aurantiaca, Lesson

Coq de Roche vert.

Calyptomena viridis Raffl.

1 Gros bec.
commun.
Larra coccothraustes L

2 Souimanga
a poitrine rouge
Cinnyris ...

1. Guit-Guit.   2. Grimpereau
noir et bleu d'Amérique.   d'Europe.
Certhia cyanea Less.   *Certhia familiaris L.*

Ophie Lesson

Furnarius Lesson Dumont

Coucou éclatant.

Cuculus splendens

1. Guêpier commun · 2. Martin pêcheur Wintsi
Merops apiaster L.   Alcedo ispida ...

Momot   Houtou ou à tête bleue

Calao Rhinocéros.

Buceros rhinoceros L.

Scythrops de la nouvelle Hollande
Scythrops novæ Hollandiæ, Latham

Toucan Toco.
Ramphastos toco.

1 Aracari,
à ceinture rouge
Ramphastos viridis

2 Couroucou
à ventre jaune.
Trogon flavicollaris

Microglosse noir ou Goliath
Psittacus aterrimus L.

Cacatoës de Banks

Calyptorhynchus Banksii Vigors

Ara tricolore

Macrocercus tricolor Linotte

Touraco lori.
Corythaix persa L.

Musophage violet.

Musophaga ...

Pigeon sauvage de la Jamaïque.
Columba Caribœa.

Coura Lophyrus

Columba coronata, L.

Lophophore monaul.

Lophophorus refulgens, Temm.

Argus ou Luen

Rouloul de Malacca

Cryptonyx coronatus, Tem.

1 Caille nattée. 2. Ganga.
Coturnix textilis. *Pterocles arenarius.*

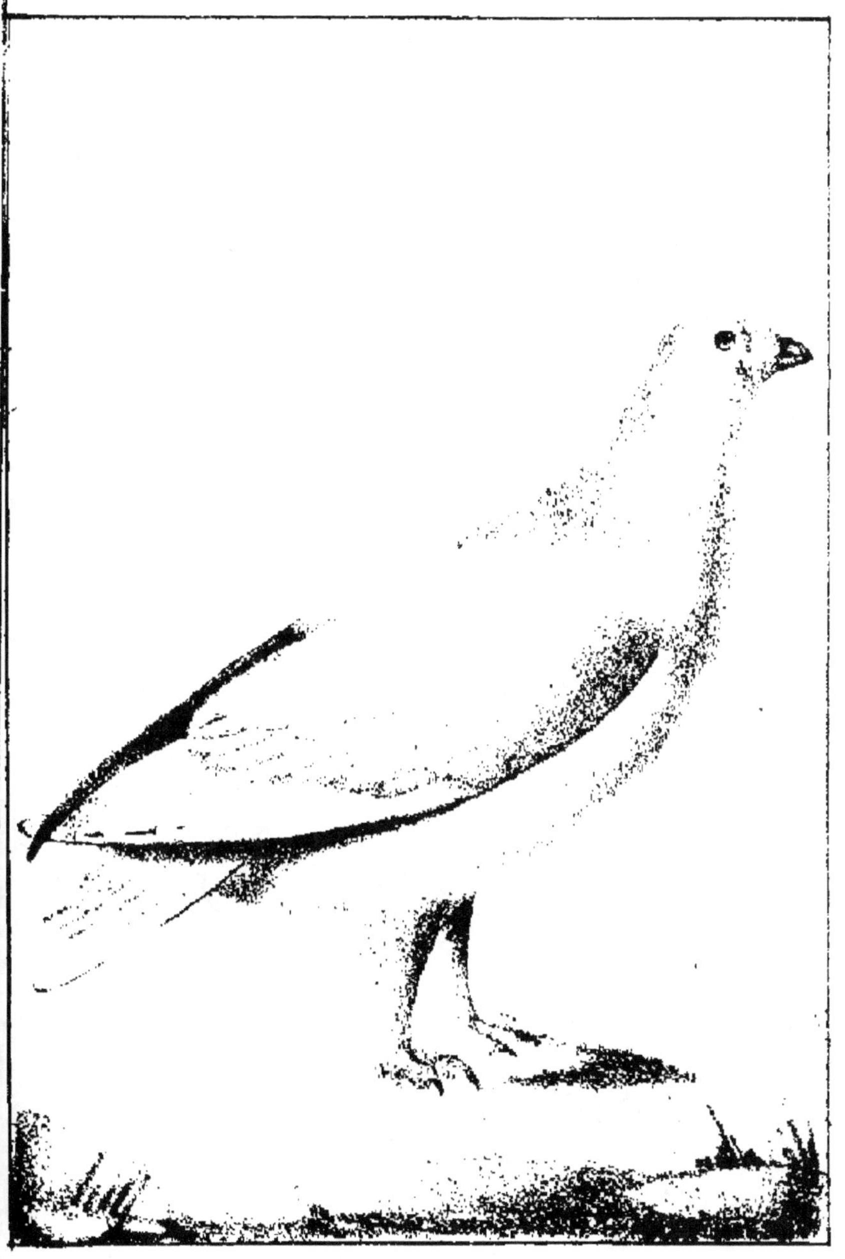

Lagopède.
Tetrao lagopus ?

1 Turnix
à bandeau - noir.

2 Tinamou
du Brésil.

Hemipodius nivosus. Temm.   *Tinamus brasiliensis. Lath.*

Autruche.
Struthio Camelus L.

Casoar de la Noux-Hollande.
Casuarius novæ Hollandiæ. Lath.

1 Mégapode Duperrey   2 Agami

Savacou bec-en-cuillier
Cancroma cochlearia L.

Tantale d'Afrique

Tantalus ibis L.

1. Héliorne grebi-foulque   2. Huitrier

Heliornis surinamensis, Bonnat   *Hæmatopus ostralegus L.*

Court-vite. *Cursorius isabellinus*. Meyer

1. Echasse.   2. Avocette.

à manteau noir   à calotte noire

Himantopus ...llgi   *Recurvirostra avocetta L.*

Chionis Antarctique.
Chionis vaginalis Jac.

Frégate

Pelecanus aquilus L.

Albatros — Mouton du Cap.
Diomedea exulans. l.

Céréopse de la nouvelle Hollande.
Cereopsis novæ Hollandiæ, Lath.

Cigne noir
Cygnus atratus

Pingoin du Nord

Alca torda; 1

Manchot de Patagonie.

Aptenodytes patagonica Gm.